我们的节气

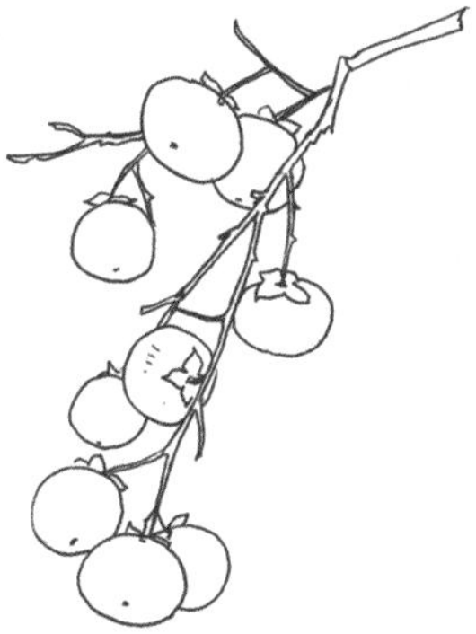

洋洋兔 编绘

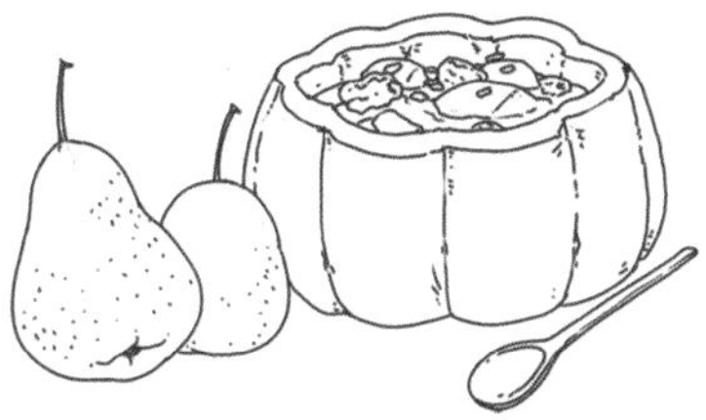

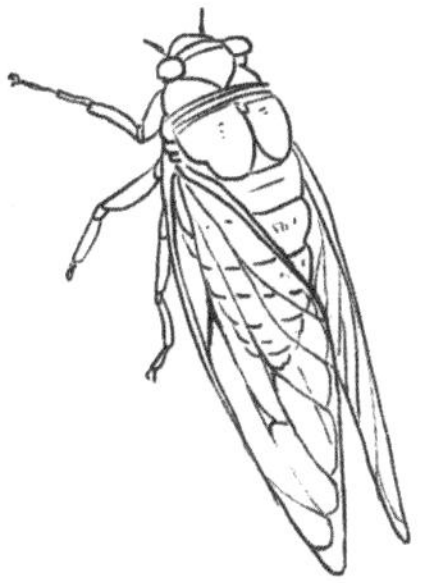

泰山出版社 ·济南·
Taishan Publishing House

U0351572

图书在版编目（CIP）数据

我们的节气 / 洋洋兔编绘. -- 济南：泰山出版社，
2019.4
ISBN 978-7-5519-0544-2

Ⅰ．①我… Ⅱ．①洋… Ⅲ．①二十四节气－少儿读物
Ⅳ．①P462-49

中国版本图书馆CIP数据核字(2019)第065999号

主　　编　李掖平
责任编辑　池　骋
　　　　　袁晓虹
封面设计　洋洋兔

WOMEN DE JIEQI
我们的节气

出　　版：泰山出版社
　　　　　社　　址：济南市泺源大街2号　邮编　250012
　　　　　电　　话：总编室（0531）82023579
　　　　　　　　　　市场营 销部（0531）82025510　82023966
　　　　　网　　址：http://www.tscbs.com
　　　　　电子信箱：tscbs@sohu.com
发　　行：新华书店
印　　刷：朗翔印刷（天津）有限公司
规　　格：787mm×1092mm　12开
印　　张：5
字　　数：125千字
版　　次：2019年5月第1版
印　　次：2019年5月第1次印刷
标准书号：ISBN 978-7-5519-0544-2
定　　价：42.00元

目录

夏

春

悠久的历史，浩瀚的牵挂

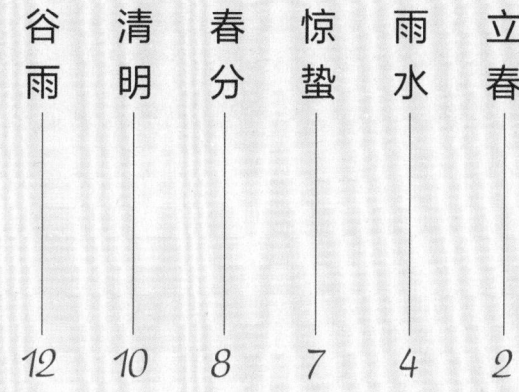

悠久的历史，浩瀚的牵挂

亲爱的小朋友们，我们的祖国拥有五千多年一脉相承的文明史，在这伟大的时空之旅中，勤劳智慧的中华民族创造了光辉灿烂的文明。其中，既有与时俱进的创新成果，如工艺技术、人文思想等；也有历久弥新的智慧结晶，如天文历法、地理经注以及我们耳熟能详的二十四节气。

在刀耕火种的远古时期，我们的祖先们从日常经验的积累中发现庄稼、牲畜、渔获等农业资源数量的多寡、品质的优劣，与太阳和月亮在天空出没的时间、位置等周期性变化以及因此带来的冷热交替、昼夜变更、雨雪风霜、潮汐涨落等现象相关。为了能更好地利用自然规律指导农业生产，古人便开始了对时间和气候特征的漫长探索与总结，渐渐形成了记载时间周期性规律的历法和记载气候周期性规律的节气。

西汉时期，二十四节气被载入当时通用的历法《太初历》中。此后，尽管《太初历》几经变化，渐被新的历法取代，但"二十四节气"却一直沿用至今，并被编成朗朗上口的节气歌："春雨惊春清谷天，夏满芒夏暑相连。秋处露秋寒霜降，冬雪雪冬小大寒。" 2016年11月30日，我国的"二十四节气"经联合国教科文组织评定，被正式列入《人类非物质文化遗产代表作名录》。

二十四节气在两千多年的历史承继中，与中国传统科技、民俗、饮食、文艺等文化载体水乳交融，传统文化为节气注入了丰富的民俗野趣以及美好的情感寄托，使之得以超越庙堂的藩篱，在普通百姓中以通俗、实用、准确的方式传授推广，并不断完善和创新，充满鲜活的生命力。"咬春萝脆秋肉馋，冬至饺暖夏面弹，三伏羊鲜荔消暑，三九糯糕过大年"是对"不时不食"饮食理念精妙的诠释；"立春近新年，清明祭祖先，芒种迎端午，立秋鹊桥连，秋分赏圆月，寒露敬老贤，小寒腊粥煮，大寒送灶仙"是对传统节庆与乡情民俗的生动注解；"朔望晦弦，黄经轮转，节气变换，年复一年"是对天文科学与历法知识的恢宏概述；而历代古典诗词里赞叹节气美景、感怀民生百态的无数名章佳句，则是对文学情怀和历史变迁的历史佐证。

　　亲爱的小朋友们，二十四节气在我们中华文明悠久的历史中，承载了太多岁月流转和人文情感，已凝聚成一份浩瀚而深情的牵挂，联通着大地与天空、古典与现代、生活与艺术、国情与民心，是我们感悟中华文化博大精深的一扇窗口，是我们发现华夏子民至善至美的一双慧眼。现在，让我们翻开此书，一起畅游在丰富、有趣的知识海洋中，领略二十四节气的美好吧！

　　希望你们喜欢这本书！

李掖平

立春 2月

3、4或5日

立春是二十四节气中的第一个节气，也是春天的第一个节气。"立"是开始的意思，立春就标志着春天到了。不过，这只是节气上的划分，实际上这时我国大部分地区天气还很寒冷，没有进入真正的春天，所以小朋友们要适当"捂一捂"，不能急着脱掉棉衣哦！俗话说："一年之计在于春。"立春以后，天地之间初现生机，人们的心情也舒畅愉快。小朋友，你是不是也准备了新年计划呢？

三候："候"是物候的意思，一年二十四节气，又分为七十二候，一个节气三候，一候五天。每一候都对应一个物候现象，帮助农民伯伯记录气候变化和农事活动。

三候

一候东风解冻： 春风送暖，大地解冻。

二候蛰（zhé）虫始振： 蛰伏越冬的昆虫开始扭动身子。

三候鱼陟（zhì）负冰： 冰层下闷了整个冬天的鱼儿，迫不及待地往水面游，但水面还有冰块没化，所以看起来就像鱼驮着冰块一样。

● 鞭春

鞭春又称鞭春牛。立春以后，天气回暖，农民伯伯要及时春耕，这样才能在秋天获得丰厚的收获。古时，每到立春，人们就会用泥塑一个春牛，然后由人扮成的春神用树枝鞭打春牛，意在提醒大家：春耕开始啦，要加紧务农，不要误了大好春光哦！

● 咬春

立春这天，人们要吃新鲜的白萝卜，还有裹着蔬菜的春饼或春卷等，俗称"咬春"。

一口咬下去，春天的味道都出来啦！

哈！厉害！

看我的

谚语

立春晴，一春晴。

立春一年端，种地早盘算。

立春雨水到，早起晚睡觉。

春争日，夏争时，一年大事不宜迟。

惠崇春江晚景

〔宋〕苏轼

竹外桃花三两枝，

春江水暖鸭先知。

蒌蒿满地芦芽短，

正是河豚欲上时。

寻找野菜

春天是野菜萌芽的季节，小朋友伴着和煦的春风，挎上小篮子，和爸爸妈妈去田野里寻找野菜吧！

你知道下面这些野菜的名字吗？一起认识一下吧！

香椿

马齿苋

荠菜

野蒜

春笋

春节

立春前后，我们会迎来中华民族最重要、最隆重的节日——春节。春节的前一天晚上叫除夕，人们会和家人一起吃团圆饭、守岁。春节当天，也就是大年初一，小朋友就要早早起床，穿上新衣，和爸爸妈妈一起去给亲朋好友拜年啦！

雨水 2月

二十四节气

18、19或20日

立春以后，虽然节气意义上的春天已经到来，但天气还是很冷，尤其是北方地区，最低气温常常在0℃以下。可是雨水以后就不一样了，我们能明显感觉到天气变暖，东风散雨，草木萌发，田野里冒出新绿，大雁成群结队向北飞，气象意义上的春天终于到来啦！

"雨水"这个节气的名字有两个含义，一是天气变暖，降水不再是下雪，而是变成下雨；二是降雨量增加，不再像冬天那么干燥了。这时北方的冬小麦和南方的油菜都返青生长，对水的需求量较大，农民伯伯们都盼望着下雨，"春雨贵如油"，说的就是这个道理！

谚语

七九河开，八九雁来。
水满塘，粮满仓，塘中无水仓无粮。

三候

一候獭（tǎ）祭鱼： 雨水前后，河冰化解，水獭也要开始捕鱼了。有趣的是，水獭捕到鱼后，不会马上吃掉，而是将鱼排列在岸边，然后再大快朵颐。

二候候雁北： 大雁是一种候鸟，每年秋天飞往南方过冬，雨水以后飞回北方。

三候草木萌动： 草木抽出嫩芽，田野间开始散发绿意。

獭：又叫水獭、水狗，半水栖兽类，善游泳，主食鱼、虾，也吃蛙类和昆虫。

春夜喜雨

[唐] 杜甫

好雨知时节，当春乃发生。
随风潜入夜，润物细无声。
野径云俱黑，江船火独明。
晓看红湿处，花重锦官城。

4

拉保保

四川自古以来有雨水节拉保保的风俗。"保保"是四川方言，指干爹、干妈，"拉保保"就是给孩子认干爹、干妈。过去人们相信，如果孩子体质弱、容易生病，认个身体强壮的人做干爹、干妈，就能保佑孩子健康成长。现在人们不迷信了，"拉保保"也变成邻里乡亲之间互帮互助、共同关爱下一代成长的民间活动。

哎！乖孩子！

干爹喝茶！

馋猫！这是送给姥姥姥爷的！

回娘家

在四川，雨水节气还有一个习俗，就是出嫁的女儿要回娘家探望父母，还要带上藤椅和罐罐肉作为礼物。藤椅上系一条红带，寓意祝父母健康长寿。罐罐肉是炖好以后封在罐子里的猪手汤，送给父母以表达对父母的感激和尊敬。

倒春寒

初春时节，气温多变，有时遇冷空气入侵，出现持久低温阴雨天气，这就是人们所说的"倒春寒"。老话说"春捂秋冻"，所以不能急着脱掉厚衣服哦！

猜灯谜

元宵节

雨水节气常与元宵节重合。元宵节又叫上元节、春灯节，在每年农历正月十五，也就是春节后的第一个月圆之夜。这一天晚上，人们呼朋引伴，一起出来赏花灯、猜灯谜，别提多热闹啦！

冬小麦的生长周期

小麦是我国北方地区的主要农作物，以长城为界，长城以北种植春小麦，长城以南则普遍种植可以越冬的冬小麦。冬小麦可以在幼苗状态下存活一整个冬天，然后等到春天继续生长。你观察过冬小麦的生长过程吗？一起来看一看吧！

小麦成熟，可以收割啦！

1 播种。
9月中下旬—10月上旬
（秋分前后）

2 长出幼苗。
10月中下旬

3 生长缓慢，积蓄能量越冬。
11月底12月初—2月上中旬

4 叶子返青，重新开始生长。
2月下旬—4月上中旬
（雨水后）

5 孕穗、抽穗、开花、拔节。
4月下旬—5月上中旬
（立夏前后）

灌浆（籽粒变得饱满）。
5月中旬
（小满前后）

6 成熟。
6月上旬
（芒种前后）

春晴泛舟

[宋] 陆游

儿童莫笑是陈人，湖海春回发兴新。

雷动风行惊蛰户，天开地辟转鸿钧。

鳞鳞江色涨石黛，嫋嫋柳丝摇麹尘*。

欲上兰亭却回棹*，笑谈终觉愧清真。

*嫋 niǎo *麹 qū *棹 zhào

● 二月二，龙抬头

每年农历二月初二，人们会迎来传统节日"龙抬头"。传说这一天是龙王从沉睡中醒来的日子，寓示以后雨水增多、滋润万物。这一天家家户户的小孩都要去理发，俗称"剃龙头"，希望带来好运气。

3月 惊蛰 二十四节气

5、6或7日

轰隆隆，轰隆隆，打雷啦！小动物们纷纷从冬眠中醒来，开始出洞活动。过去，人们将小动物潜伏起来、不吃不喝越冬的状态称为"蛰"，而"惊蛰"就是雷声惊醒这些动物的意思，是不是很形象？

不过，小动物们从冬眠中醒来，并不是真的被雷声惊醒，而是天气暖和了，它们要出来找吃的了。这时农民伯伯们也变得繁忙起来，"到了惊蛰节，锄头不停歇"，春耕大忙的时刻到来了！

🌰 吃梨

春季天气干燥，人容易口干、咳嗽，所以很多地方有惊蛰吃梨的习俗。梨清脆可口，有润肺止咳、滋阴清热的功效。梨可以生吃，也可以蒸熟、煮水、榨汁食用，你喜欢哪种吃法呢？

三候

一候桃始华：桃花开始绽放。

二候仓庚鸣："仓庚"是黄鹂。惊蛰后第二个五日，黄鹂欢快地叫起来了。

三候鹰化为鸠（jiū）：古时"鸠"是指布谷鸟。惊蛰后第三个五日，鹰不见了，布谷鸟出来了，所以古人误以为鹰变成了布谷鸟。

🌰 驱虫

气温回升，春雷一响，惊醒了冬眠的动物，包括各种昆虫。惊蛰这天，人们会拿着点燃的清香、艾草，熏家里的各个角落，驱赶虫蚁。

嘿！哪里逃！

🌰 炒豆

"二月二"时，北方有吃炒豆的习俗。香香甜甜的炒豆是怎么做出来的？一起来试试吧！

1. 黄豆洗净、晾干。
2. 放入锅里，小火翻炒。
3. 等到豆皮开裂、发出噼啪声响时，盛出来备用。
4. 锅里倒入适量清水和白糖，小火熬煮。
5. 熬煮过程中按同一方向不停搅拌。
6. 等到糖浆变得黏稠并冒出大量泡泡时，倒入炒好的黄豆，拌匀。
7. 取适量淀粉，均匀地洒在裹满糖浆的黄豆上。
8. 小火翻炒片刻，关火，稍加搅拌，就可以出锅啦！

谚语

春雷一响，惊动万物。

春雷响，万物长。

惊蛰春雷响，农夫闲转忙。

惊蛰地化通，锄麦莫放松。

二十四节气

春分

3月
20日 或21日

春分到来，标志着大好春光已经过去一半。一年四季，每季三个月，古人又用孟、仲、季来表示，例如春天的三个月，分别为孟春、仲春、季春。孟春又称早春，季春又称晚春。春分正值仲春时节，天地间一片风和日丽，鸟语花香，春意盎然。

"春分秋分，昼夜等分。"春分这天，太阳直射在赤道上，南北半球昼夜等分，白天和晚上时间一样长。春分过后，北半球白天的时间一点点变长，夏至达到最长，然后又逐渐缩短，秋分时再次昼夜等分。

三候

一候元鸟至：

"元鸟"就是燕子。春分以后，燕子从南方飞回北方。

二候雷乃发声：

春分后第二个五日，下雨时可能要打雷。

三候始电：

下雨的时候，天空会出现闪电。

那是柳树花！

树上有好多毛毛虫呀！

竖蛋

"春分到，蛋儿俏。"春分这天，孩子们都在玩竖蛋的游戏：找一个表面光滑、匀称的新鲜鸡蛋，小心地在桌子上把它竖起来。据说春分这天，地球地轴的倾斜角度特殊，所以蛋立住的成功率会大大增加。虽然这个说法不一定有科学依据，但我们不妨来试试吧！

春日

〔宋〕朱熹

胜日寻芳泗水滨，
无边光景一时新。
等闲识得东风面，
万紫千红总是春。

春汤

吃春菜

春分还有吃春菜的习俗。"春菜"是一种野苋菜，俗称"春碧蒿"。春分这天，人们去野外采来嫩嫩的春菜，和鱼片一起做成"春汤"，喝了能净化肠道，有益健康。

哎呦！啥情况！

粘雀子嘴

谚语
春分有雨是丰年。
春分不暖，秋分不凉。
春分刮大风，刮到四月中。
吃了春分饭，一天长一线。

什么是"粘雀子嘴"呢？原来，有些地方的农民伯伯会在春分这天吃汤圆，还要留一些没有夹心的汤圆，用竹签穿着置立于田间地头，让鸟雀们来吃，希望把鸟雀的嘴巴粘住，这样它们就不会啄食庄稼了。

小树种下后要记得定期浇水哦！

种下一棵树

春天是花草树木生命力最旺盛的时候，也是植树的最佳时间。树木可以美化环境，还能净化空气、抵挡风沙。这个春天，我们来亲手种下一棵树吧！

(1) 根据树根的大小，在地上挖一个能把根埋起来的坑。

(2) 把树苗放到坑的中间，保持树干垂直。

90°

(3) 往树根四周均匀填土，填到大约坑一半的位置。

(4) 给树苗浇水，把填的土浇透。

(5) 继续填土，把坑填满。

清明 4月
二十四节气

4、5或6日

清明既是二十四节气之一，也是我国重要的传统节日之一。《岁时百问》中讲："万物生长此时，皆清洁而明净，故谓之清明。"这时正值仲春与季春之交，天地间万物生长，处处清爽明净。

"清明前后，种瓜点豆。"清明一到，气温升高，雨水也变得充沛起来，所以农民伯伯们要抓住大好时机，赶紧春播春种。"清明谷雨两相连，浸种耕田莫迟延"，说的就是这个道理。

● 祭祖扫墓

清明节是我国重要的祭祀节日之一，这一天，人们常常不远万里赶回家乡，为去世的亲人扫一扫墓，献一束花，表达对已故亲人的怀念与追思。

谚语

清明前后，种瓜点豆。
雨打清明前，春雨定频繁。

清明断雪，谷雨断霜。
麦怕清明霜，谷要秋来旱。

三候

一候桐始华：泡桐花开始绽放。

二候田鼠化为鴽（rú）："鴽"是指鹌鹑（ān chún）一类的小鸟。田鼠不喜欢明媚的阳光，这时躲回阴暗的洞里，喜欢阳光的小鸟开始在田间活动，所以古人误以为田鼠变成了小鸟。

三候虹始见：雨后天空可能出现彩虹。

● 插柳

"满街杨柳绿丝烟，画出清明二月天。"传说柳树有辟邪保平安的作用，所以人们在清明这天将柳条插在屋檐下，一来应景，二来表达平安健康的美好祈愿。

● 做青团

青团是我国江南地区的一道清明时节传统小吃，颜色翠绿，口感软糯。青团是怎么做出来的？一起来试试吧！

> 盛青团的盘子上要抹点香油，不然会粘哦！

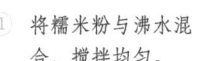
① 将糯米粉与沸水混合，搅拌均匀。

② 加入用艾草榨出的青汁，揉成光滑的面团。

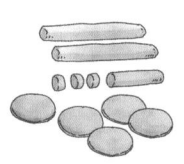
③ 将面团搓成长条，再切成小块，擀成一个个面皮。

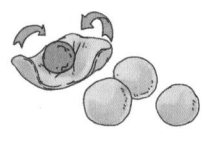
④ 放入豆沙馅，包成球状。

⑤ 将包好的青团放入蒸锅，蒸约15分钟。

⑥ 盛到盘子里，就可以大快朵颐啦！

● 踏青

踏青就是春游。清明前后，天气变暖，一片生机勃勃，正是远足踏青的好时光。过去古人外出踏青，呼朋引伴，还会举行各式各样的活动，比如荡秋千、放风筝等。小朋友们，趁着春光明媚，去广阔的田野里尽情享受春天吧！

● 放风筝

　　每到清明时节，天空中便飘着各式各样的风筝：燕子形状的、大鱼形状的、龙形的、轮船形状的……古时人们将风筝放上蓝天后，还会特意剪断风筝线，让风筝随风飞走，寓意霉运、疾病一起被带走。

清明

[唐]杜牧

清明时节雨纷纷，
路上行人欲断魂。
借问酒家何处有，
牧童遥指杏花村。

谷雨 4月
19、20或21日

"布谷布谷，布谷布谷"，在布谷鸟的鸣叫声中，我们迎来了春天的最后一个节气——谷雨。"雨生百谷"，这时寒冷空气基本消失不见，天气迅速变暖，降雨持续增加，农作物的播种繁忙期也到来了。南方的水稻、北方的棉花，都要赶在这时种下。

关于谷雨节气，还有一个流传千年的故事。传说上古时期，仓颉造字，感动天帝，这时人间正在闹灾荒，天帝命人打开天宫的粮仓，为人间下了一场谷粒雨，人们才免受饥饿，后来这一天就被定名谷雨。

三候

一候萍始生： 谷雨时节雨水增多，浮萍开始生长。

二候鸣鸠拂其羽： 布谷鸟开始梳理自己的羽毛，不停鸣叫，提醒人们播种。

三候戴胜降于桑： 戴胜鸟停落在桑树上，要忙着捉害虫了。

谚语

谷雨前，好种棉。

谷雨后，好种豆。

谷雨过三天，园里看牡丹。

谷雨前后栽地瓜，最好不要过立夏。

江南春

[唐] 杜牧

千里莺啼绿映红，

水村山郭酒旗风。

南朝四百八十寺，

多少楼台烟雨中。

● 赏牡丹

谷雨前后正是牡丹花盛开之时，赏牡丹可以说是人们在谷雨时节最风雅的习俗了。牡丹花色艳丽，雍容华贵，被誉为"花中之王"。传说唐朝时，牡丹因为不听武则天命令，不肯在冬天开花，被从都城长安贬到了洛阳，结果照样开得倾国倾城，因此天下牡丹又以洛阳牡丹为贵，有着"洛阳牡丹甲天下"的说法。

● 喝谷雨茶

谷雨前采的茶叫"雨前茶"，清明前采的茶则叫"明前茶"，这两种茶都是茶中的佳品。

我国南方有喝谷雨茶的习俗。谷雨茶是在谷雨时节采的茶，这时因为气温适中，茶叶叶肥，积累的营养也比较丰富，所以茶的口感清鲜，香气怡人，喝了还可以清火明目。

谷雨茶

真好吃！

香椿

● 吃香椿

"北吃香椿南喝茶"，谷雨时南方喝谷雨茶，北方则有吃香椿的习俗。"雨前香椿嫩如丝"，这时的香椿嫩芽，新鲜脆嫩，清香爽口，味道极佳。

● 蚕的蜕变过程

谷雨前后，蚕宝宝破卵而出，桑农伯伯们要把蚕宝宝接回家，开始养蚕了！小朋友，你知道蚕的一生是什么样的吗？领养几只小蚕，观察一下吧！

1) 找一个扁竹筐，里面铺好桑叶，把小蚕放到桑叶上。

2） 小蚕"沙沙沙"地吃桑叶，没几天身子就变大了一圈。

3. 大约十五天后，蚕宝宝开始蜕皮，每蜕一次，身体就长大一些。

4 蜕四次皮以后，再过几天，蚕宝宝的身体逐渐变得透明发亮，开始吐丝结茧了。

5. 两天以后，一个完整的茧结好了！蚕宝宝在茧里变成蛹。

6. 成蛹后十至十五天，蛹破茧而出，变成飞蛾啦！

立夏 5月

二十四节气

5、6或7日

立夏是夏天的第一个节气，立夏到来意味着春天结束、进入夏天了。不过，按照气候学的标准，日平均气温在22℃以上才是真正的夏天，所以这时我国只有福州到南岭一线以南地区进入夏天，其他地方还是百花争艳的春天。

立夏是一个万物蓬勃生长的节气，北方的冬小麦开始扬花灌浆，南方的油菜也开始结荚，快要成熟了。除了农作物，各种杂草也开始疯长，"一天不锄草，三天锄不了"，这下农民伯伯有的忙啦！

山亭夏日

[唐]高骈

绿树阴浓夏日长，
楼台倒影入池塘。
水精帘动微风起，
满架蔷薇一院香。

三候

王瓜

一候蝼蝈（lóu guō）鸣：蝼蝈（即蝼蛄，一种生活在土里的农业害虫）开始在田间鸣叫。

二候蚯蚓出：蚯蚓开始掘土。

三候王瓜生：王瓜是一种藤蔓植物。立夏后第三个五日，王瓜开始爬藤。

吃立夏饭

立夏饭是用红豆、黄豆、黑豆、绿豆、青豆五种豆子和大米一起煮成的"五彩饭"，含有"五谷丰登"的寓意。现在立夏饭简化成用糯米和蚕豆煮就可以了，香甜的味道和人们对丰收的美好祈愿却是不变的。

斗蛋

俗话说："立夏胸挂蛋，孩子不疰（zhù）夏。""疰夏"就是苦夏的意思，夏天天气炎热，所以孩子们容易出现厌食、乏力等症状。立夏这天，大人会把煮好的鸡蛋装在用彩线编织的蛋套里，挂在孩子的脖子上，祈求健康平安。孩子们还会凑在一起，玩"斗蛋"的游戏。

谚语

立夏麦咧嘴，不能缺了水。

豌豆立了夏，一夜一个杈。

夏天不锄地，冬天饿肚皮。

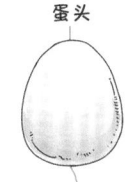

蛋头

蛋尾

立夏这天，孩子们不仅要在脖子上挂蛋，还会到处找人"斗蛋"。小朋友，你观察过鸡蛋吗？是不是一头尖一点，一头圆一点呢？尖的是蛋头，圆的是蛋尾。斗蛋时，蛋头对蛋头，蛋尾击蛋尾，一个一个地比试，谁的蛋能坚持到最后完好无损，它就是最厉害的"蛋王"！

冲呀！

称人

我国很多地方有立夏"称人"的习俗。人们在村口挂一杆大木秤，秤钩上挂一个箩筐或者四脚朝天的板凳，孩子们轮流坐到上面称体重。掌秤的人一边称，一边还会说一些吉祥话，表达人们对清净安乐、福寿双全的美好祈愿。

樱桃：立夏时节，正值樱桃成熟。樱桃含有丰富的铁元素和维生素，常食樱桃可以增强体质哦！

真好吃！

小满 5月

二十四节气

20、21或22日

"小满小满，麦粒渐满。"小满是一个与小麦息息相关的节气。《月令七十二候集解》里说："小满，四月中。小满者，物至于此小得盈满。"意思就是，到了农历四月，北方以小麦为代表的夏熟农作物的籽粒开始变得饱满，但还没有完全成熟，所以叫"小满"。

这时南方是什么情景呢？在南方，"满"可以用来形容降雨的程度，小满降雨增多，池塘河谷里的水都慢慢涨起来了。"小满不满，干断田坎"，如果这时不下雨，稻田里水没蓄满，就会造成干旱，影响农作物生长。

三候

一候苦菜秀：苦菜长势旺盛。
二候靡草死：喜爱阴凉的细软草类，在强烈的阳光下发蔫枯死。
三候麦秋至：麦子即将成熟。

苦菜

小满

[宋] 欧阳修

夜莺啼绿柳，
皓月醒长空。
最爱垄头麦，
迎风笑落红。

🌾 烤麦子

这时北方的小麦虽然还是一片青绿，但麦穗已经抽齐，一颗颗麦粒也变得饱满。这时农民伯伯要去查看小麦的长势，然后从自家麦田掐一些麦穗回来，放在火上烤着吃。烤熟的麦粒不仅有独特的焦香，而且口感筋道，非常好吃哦！

好吃！

水车

榨油车

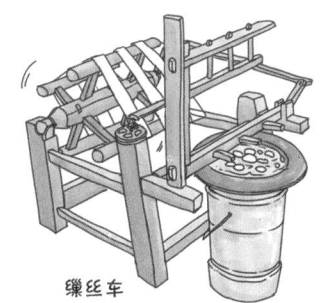
缫丝车

动三车

我国江南地区有"小满动三车"的习俗，"三车"指水车、榨油车、缫丝车。小满时节，稻田要引水灌溉，油菜籽要收割打油，养蚕的人家也要开始缫丝了，所以水车、榨油车、缫丝车都开始忙碌运转了，正所谓"小满动三车，忙得不知他"。

吃苦菜

苦菜是一种常见的野菜，又叫苦苦菜，味道苦中带甜，新鲜爽口。古代饥荒年份，人们常用苦菜充饥。小满一候是"苦菜秀"，这时苦菜长势旺盛，正适合食用。

谚语

小满小满，麦粒渐满。
小满未满，还有危险。
小满割不得，芒种割不及。
小满大满江河满。

闻着好香！

芒种 *6月*

二十四节气

5、6或7日

芒种的名字也与农作物紧密相关："芒"是指谷物外壳上的针状物，到了芒种时节，小麦、大麦等有芒作物就成熟了可以收割了；"种"是指播种农作物，如玉米、大豆、花生等，都要在这时种下去。

"芒种芒种，连收带种。"农民伯伯们既要收割又要播种，迎来了一年中最忙碌的时候。在北方，人们争分夺秒地割小麦、种玉米。在南方，人们也起早贪黑，给早稻和中稻追肥，播种晚稻。无论大江南北，都是一片热火朝天的劳动景象。

四时田园杂兴·其二

[宋]范成大

梅子金黄杏子肥，
麦花雪白菜花稀。
日长篱落无人过，
惟有蜻蜓蛱蝶飞。

谚语

芒种忙，麦上场。
芒种谷，赛过虎。
芒种芒种，连收带种。
三麦不如一秋长，三秋不如一麦忙。

收小麦

"芒种前后麦上场，男女老少昼夜忙。"在北方，芒种时最重要的事情就是收小麦。如果小麦完全成熟，麦粒就会脱落掉到地里，所以人们要赶在小麦九成熟、籽粒没有脱落的时候尽快完成收割。

梅雨

芒种时节，长江中下游地区进入长达一个月左右的持续阴雨天气，此时正值梅子成熟，因此有了"梅雨"的叫法。梅雨开始的时间叫"入梅"，结束的时间则叫"出梅"。

梅雨梅雨，衣服都长霉了，应该叫"霉雨"吧？

三候

伯劳鸟

一候螳螂生：小螳螂破卵而出。

二候鵙（jú）始鸣："鵙"是伯劳鸟。芒种后第二个五日，伯劳鸟开始鸣叫。

三候反舌无声：喜欢模仿其他鸟叫的反舌鸟停止了叫声。

做梅酒

梅雨季节，梅子成熟了。梅子又叫青梅，营养丰富，但是生吃很酸，所以一般要加工一下，做成盐渍青梅、梅干、青梅酒等，各有各的风味。虽然小朋友不能喝酒，但你想不想亲手做一瓶酸酸甜甜的青梅酒，送给辛苦工作的爸爸妈妈呢？一起来试试吧！

① 将青梅洗净，放在通风处晾干表面水分。

② 用牙签在青梅上扎出均匀的小孔（这样更有利于青梅出味）。

③ 准备一个可以密封的玻璃容器。

④ 按照铺一层青梅、铺一层冰糖、再铺一层青梅的方式，把青梅和冰糖装到容器里。

⑤ 倒入白酒，浸没过青梅（稍微高出一点即可）。

⑥ 封好盖子，静待一个月，色泽清澈、口感酸甜的梅酒便做好了！

送花神

在古代，每到芒种，人们就会举办盛大的"送花神"活动。这时已是仲夏时节，百花开始凋零，落英缤纷，所以人们怀着依依不舍的心情，把花朝节时（农历二月）迎来的"花神"饯送归位，期盼来年再次相会。

端午节

端午节为每年农历五月初五，常常出现在芒种期间。端午节又叫端阳节、粽子节等，这一天，人们包粽子、赛龙舟，纪念战国时期著名诗人屈原。此外还有喝雄黄酒、斗百草等多种习俗。

二十四节气

夏至 6月
21日或22日

夏至是二十四节气中最早被确定的节气之一。两千多年前,古人用一种叫土圭的工具,每天测量正午时日影的长度,将一年中日影最短的一天定为"夏至"。

人们常说:"夏至不过不热。"过了夏至,天气就要热起来了,而且往后会越来越热。小朋友,你准备好迎接真正的夏日了吗?

三候
一候鹿角解:鹿角开始脱落。
二候蜩(tiáo)始鸣:"蜩"指蝉。夏至后第二个五日,蝉开始鸣叫。
三候半夏生:半夏(一种喜阴的药草)开始生长。

啊!我的角！

还会长出来啦……

谚语
吃过夏至面,一天短一线。
日长长到夏至,日短短到冬至。
夏至有雨三伏热,重阳无雨一冬晴。
夏至东风摇,麦子水里捞。

互赠扇子、脂粉

夏至时节，天气炎热，现在我们有风扇、空调，还可以吃冰棍解暑。古人也有自己的消暑方法。女性朋友们会在夏至这天互赠扇子、脂粉等，扇子能生风、生凉，脂粉则可以防止生痱子。

小池

[宋]杨万里

泉眼无声惜细流，
树阴照水爱晴柔。
小荷才露尖尖角，
早有蜻蜓立上头。

吃夏至面

俗话说："吃过夏至面，一天短一线。"我国大部分地方都有夏至吃面的习俗，不过，各个地方的面的种类并不一样，比如北京的炸酱面、兰州的拉面、山西的刀削面、新疆的拌面、四川的担担面……各有各的特色，各有各的美味。

北京炸酱面

兰州拉面

山西刀削面

四川担担面

江南阳春面

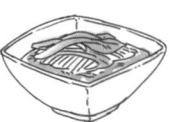
新疆拌面

花样繁多的「面」

粘知了

"知了"是蝉的俗称。过了夏至，"知了知了"的蝉鸣就要开始此起彼伏了。小朋友，你玩过粘知了的游戏吗？趁着夏天，去树林里粘知了吧！

① 准备一根细长的竹竿。

② 做一点面筋，粘在竹竿顶端。

③ 举起竹竿，悄悄靠近树上的知了。

④ 猛地一粘，一只知了就被粘住啦！

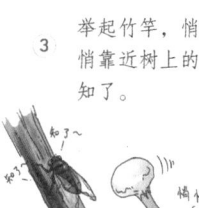

除了知了，草木上还会有蝉脱壳后留下的蝉蜕，试试看，你能找到吗？

小暑 7月

6、7或8日

夏至以后，天气越来越热，我们在一天比一天高的气温中，迎来了夏季的第五个节气——小暑。"暑"就是炎热的意思，"小"表示炎热的程度，"小暑"说明现在天气开始炎热了，但还没到一年中最热的时候。

俗话说"热在三伏"，入伏后才进入一年中最热的时候，但小暑时气温已经很高，少有凉风吹来，人们稍微活动一下就汗流浃背。小朋友们要注意，出门要做好防晒，尽量避免在阳光下待太久，谨防中暑哦！

● 入伏

入伏是"进入伏天"的意思。通常，小暑过后，一年中最热的一段时间——三伏天就要来了。三伏从夏至后第三个庚日（约在7月10日—20日之间）开始，分为初伏（头伏）、中伏（二伏）、末伏（三伏），其中初伏、末伏各十天，中伏根据年份不同，有时十天，有时二十天。在长达一个多月的酷暑中，小朋友们要尽量避免正午外出，还要多吃蔬菜水果，保证营养均衡哦！

三候

一候温风至： 温风就是热风，小暑过后，刮的风都是热的。

二候蟋蟀居壁： 蟋蟀受不了野外的高温，躲进墙缝乘凉。

三候鹰始击： 老鹰飞上天空，练习如何搏击长空。

谚语

小暑过，一日热三分。

小暑热得透，大暑凉飕飕。

伏天热得狠，丰收才有准。

● 晒伏

农历六月六往往在小暑期间，相传这天是皇宫晒龙袍的日子，所以民间也有六月六晒衣服的习俗，称为"晒伏"。这一天，衣服、粮食、书籍都可以拿出来晒一晒，去潮去湿，防霉防蛀。

● 吃饺子

俗话说："头伏饺子二伏面，三伏烙饼摊鸡蛋。"入伏以后，天气炎热，人们往往食欲不振，也就是"苦夏"。在传统习俗中，饺子是开胃解馋的食物，所以人们为了增加食欲，有头伏吃饺子的习俗。

好喝~

● 吃伏羊

在江苏北部和山东、安徽一带，入伏这天有吃羊肉、喝羊汤的习俗，称为"吃伏羊"。

三伏天里吃羊肉、喝羊汤，大汗淋漓之后，体内的湿气也会跟着排出来，顿时感觉浑身舒畅！

小暑六月节

[唐]元稹

倏忽温风至，因循小暑来。

竹喧先觉雨，山暗已闻雷。

户牖深青霭，阶庭长绿苔。

鹰鹯新习学，蟋蟀莫相催。

*稹 zhěn　*倏 shū　*牖 yǒu　*霭 ǎi　*鹯 zhān

● 用狗尾巴草编一只兔子

小暑时节，田野里到处都是毛茸茸的狗尾巴草，采上一把，做一只可爱的小兔子吧！

① 准备一些好看的狗尾巴草。

② 挑选两根作为小兔子的耳朵。

③ 再取几根缠绕在耳朵下面，做出小兔子的头。

④ 挑选两根长度相当的，作为小兔子的两条前腿。

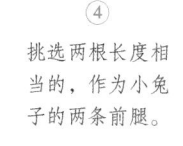

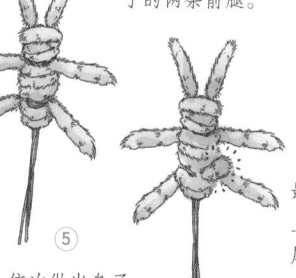
⑤ 依次做出身子和两条后腿。

⑥ 最后再加上一条小尾巴，小兔子就做好啦！

大暑 7月

二十四节气

22、23或24日

如果小暑代表天气炎热的开始，那大暑就是天气炎热的最高峰了。大暑是夏季的最后一个节气，正值三伏的中伏前后，这时户外不仅没有凉风，还到处都是蒸腾的热浪。"小暑大暑，上蒸下煮"，小朋友，你是不是也如谚语中说的那样，感觉自己身在一个热气腾腾的大蒸笼里呢？

不过，无论天气寒冷还是炎热，都是大自然运行的规律。如果该冷的时候不冷，该热的时候不热，反而会影响万物的生长，庄稼也不会有好收成。"大暑不暑，五谷不鼓"，如果大暑不热，农民伯伯们可就要忧心啦！

三候

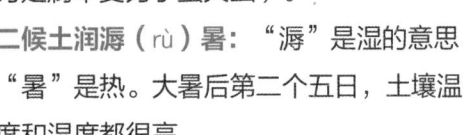

萤火虫

一候腐草为萤：萤火虫从腐草丛中飞出来（所以古人以为是腐草变为了萤火虫）。

二候土润溽（rù）暑："溽"是湿的意思，"暑"是热。大暑后第二个五日，土壤温度和湿度都很高。

三候大雨时行：随时会下雨。

🔘 吃荔枝

在著名的荔枝产地莆田，有大暑吃荔枝的习俗，叫作"过大暑"。人们提前摘好新鲜的荔枝，浸泡在冰凉的井水里。大暑当天，大家吃过晚饭，围坐在院子里，品尝冰爽甘甜的荔枝，别提有多惬（qiè）意啦！

好甜！

🔘 吃仙草

广东有大暑吃仙草的习俗。仙草又叫凉粉草、仙人草，是一种药食两用的植物，有神奇的消暑功效，所以被称为"仙草"。俗话说："六月大暑吃仙草，活如神仙不会老。"

烧仙草

🔘 送"大暑船"

送"大暑船"是浙江沿海地区的习俗，已经延续了几百年。大暑这天，人们敲锣打鼓，将纸质的大暑船抬到码头举行祈福仪式，然后拉到海上点燃，任其沉浮，以此祈求五谷丰登、国泰民安。

认识昆虫

小朋友，在夏季的田野，你见过那些活跃在青草间的昆虫吗？一起来认识它们吧！

蝈蝈

知了（蝉）

螳螂

萤火虫

蛐蛐（蟋蟀）

独角仙（双叉犀金龟）

蚂蚱

谚语

大暑热不透，大热在秋后。
大暑不暑，五谷不鼓。
大暑无酷热，五谷多不结。

晓出净慈寺送林子方

［宋］杨万里

毕竟西湖六月中，
风光不与四时同。
接天莲叶无穷碧，
映日荷花别样红。

立秋 *8月*
7、8或9日

立秋是秋天的开始，不过也和立春、立夏一样，并不意味着真正秋天的到来。按照气象学标准，连续五天平均气温低于22℃才算真正进入秋天。立秋以后，我国大部分地方还很炎热。"秋后一伏，晒死老牛。"这段时间正处于三伏的末伏，酷暑余威犹在，被人们形象地称为"秋老虎"。

不过，虽然白天还很炎热，晚上却开始有凉风吹来，"早上立了秋，晚上凉飕飕"。而且"一场秋雨一场寒"，此后每下一场雨，寒意都会加重一层。

三候

一候凉风至：刮风时人们会感觉到凉爽。

二候白露降：夜晚温度降低，空气中的水汽可能凝结成露珠。

三候寒蝉鸣：寒蝉也感受到秋意，开始悲鸣。

谚语

立秋之日凉风至。

立了秋，把扇丢。

早立秋冷飕飕，晚立秋热死牛。

一场秋雨一场寒，十场秋雨换上棉。

七夕节

立秋前后会迎来我国一个传统节日——七夕节。七夕节为每年农历七月初七，据说这一天是牛郎织女通过鹊桥相会的日子。女孩子们这一天会举办各种拜织女的活动，祈求像织女一样心灵手巧，所以七夕节又叫"乞巧节"。

秋词

［唐］刘禹锡

自古逢秋悲寂寥，
我言秋日胜春朝。
晴空一鹤排云上，
便引诗情到碧霄。

*寥 liáo

啃秋

立秋这天，很多地方有吃西瓜"啃秋"的习俗，据说这样可以免除冬天和春天的腹泻。江苏等地有吃西瓜可以不生秋痱子的说法。

贴秋膘

我国北方地区有立秋炖大肉的习俗，戏称"贴秋膘"。秋天一到，天气凉了，食欲也跟着回来了。立秋这天，人们会做各种肉菜，比如酱肘子、红烧肉等，所谓"以肉贴膘"。

酱肘子

红烧肉

秋天吃什么？

秋天要"贴秋膘"，但并不是每天都要大口吃肉，也要多吃蔬菜、水果，注意均衡饮食。秋天天气干燥，所以要多吃一些清热、滋润的食物，少吃葱、姜、蒜等辛辣食物，这样才能保护好自己的身体哦！

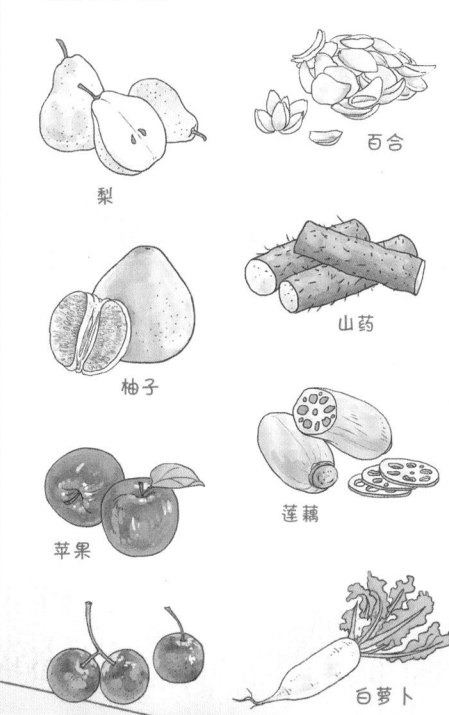

梨

百合

柚子

山药

苹果

莲藕

山楂

白萝卜

处暑 8月

二十四节气

22、23或24日

处暑是一个反映气温变化的节气，"处"是结束的意思，"处暑"表示炎热的夏天就要结束了。这时，我国大部分地区气温下降，再加上雨季结束，空气变得凉爽而干燥，秋高气爽的美好季节就要开始了。

俗话说："春捂秋冻。"进入秋天，空气干燥，如果穿得太厚，就会加重燥热，所以要适当"冻"一下。可是也不能穿得太薄，稍微感到凉爽就可以了。

三候

一候鹰乃祭鸟：老鹰开始大量捕猎鸟类。
二候天地始肃：万物凋零，天地间充满萧瑟之气。
三候禾乃登："禾"是谷类作物的统称，"登"是成熟的意思。处暑后第三个五日，谷类作物即将成熟。

● 中元节

中元节在每年农历七月十五，和清明节一样，是一个祭奠亡者的节日。这一天，很多地方都会举办放河灯的活动。当夜色降临，人们便点亮一盏盏河灯，放到河水里，任其漂流，寄托对亲人的缅怀之情，祈求幸福、平安。

● 开渔节

处暑过后，休渔期结束，沿海地区开始进入渔业收获的季节，所以人们会选择一天举办盛大的开渔仪式，欢送渔民出海捕鱼。从这一时节开始，人们就可以吃到各种各样的肥美海鲜了。

● 认识云彩

处暑以后，暑热消散，天上的云彩也显得舒卷自如，格外好看。俗话说"七月八月看巧云"，小朋友，你抬头观察过云彩吗？一起来认识几种常见的云彩吧！

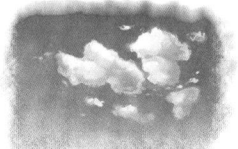

积云
棉花糖一样洁白、蓬松的云，一朵朵独立飘浮在天上，一般在晴天产生。

积雨云
像山峰一样高高耸起的巨大的云，往往会带来暴雨、冰雹、闪电等。

高积云
像瓦片、鱼鳞或水波状密集排列在一起的云，云层逐渐变薄预示晴天，逐渐变厚则预示降水。

层云
平坦、朦胧、灰色的云，像雾一样飘浮在天际，可能会带来毛毛雨。

高层云
常常遮蔽整个天空，给人一种遮天蔽日的感觉。云层薄时，隐约可见太阳或月亮的轮廓。云层变厚、变暗，就可能带来降雨。

卷云
细致而分散的云，像羽毛、发丝或者马尾，也叫"马尾云"，一般出现在晴朗天气。

谚语

处暑高粱遍地红。

处暑满地黄，家家修廪仓。

处暑天不暑，炎热在中午。

处暑好晴天，家家摘新棉。

山居秋暝

[唐]王维

空山新雨后，天气晚来秋。

明月松间照，清泉石上流。

竹喧归浣女，莲动下渔舟。

随意春芳歇，王孙自可留。

打枣：俗话说，"七月（农历）枣，八月梨，九月柿子红了皮"。处暑时节，枣子成熟，梨和柿子等其他水果也要陆续登场啦！

29

白露 9月

二十四节气

7、8或9日

　　白露是秋天的第三个节气。由于天气转凉，夜晚温度更低，空气中的水汽凝结，所以我们会在清晨的树叶、小草上看到很多晶莹的露珠。古人根据五行属性，认为秋天属金，金色白，所以将露珠称为"白露"。

　　这段时间，炎热的夏天终于远去，真正的秋天到来了。俗话说："白露身不露"，白露以后，就不宜再穿短袖、短裤了，不然容易着凉、拉肚子，要开始穿长袖、长裤哦！

三候

一候鸿雁来：大雁飞往南方越冬。

二候元鸟归：白露后第二个五日，燕子也飞往南方。

三候群鸟养羞："羞"同"馐"，是美食的意思。白露后第三个五日，鸟类开始忙着储备过冬的食物。

月夜忆舍弟

[唐] 杜甫

戍*鼓断人行，边秋一雁声。
露从今夜白，月是故乡明。
有弟皆分散，无家问死生。
寄书长不达，况乃未休兵。

*戍 shù

喝白露茶

　　白露茶即白露时节采的茶。从白露前后，到10月上旬，是茶树快速生长的时期，再加上露水滋润，所以茶的口感特别好，很受人们喜爱。

白露茶

丹顶鹤

野鸭

白露酒

在湖南郴（chēn）州的资兴一带，自古以来有白露酿米酒的习俗。这里的米酒口感温热微甜，又称"白露米酒"。

吃龙眼

在福建福州一带，有白露吃龙眼的习俗。这时候的龙眼个大、味甜、口感好，所以可以适当多吃一些哦！

龙眼

认识候鸟

白露时节，很多候鸟都要开始长途迁徙，飞往南方的越冬地点了。抬头仰望天空，经常能看到旅途中的鸟儿。小朋友，你知道哪些候鸟呢？让我们一起来认识一下吧！

杜鹃鸟　灰鹤　白鹭　白鹳　黑鹳　燕子　大雁

候鸟：随着季节不同，沿固定路线往返于繁殖地和渡冬地之间的鸟类，分为夏候鸟和冬候鸟两种。

白鹤　天鹅

秋分

9月
22、23或24日

秋分是秋季的第四个节气，"分"是"半"的意思，到了秋分，秋季就过了一半。秋分也和春分一样，这一天太阳直射赤道，所以昼夜等分，白天和黑夜一样长。

秋分是收获的季节，田地里庄稼成熟，瓜果飘香，一片金灿灿、黄澄澄的颜色。农民伯伯忙完秋收，就要播种冬小麦和油菜了。小朋友，你还记得冬小麦和油菜分别什么时候成熟吗？

三候

一候雷始收声：秋分以后，逐渐不再打雷了。

二候蛰虫坯（pī）户："坯"是细土。秋分后第二个五日，准备冬眠的小虫开始藏入洞穴，并用细土把洞口封住。

三候水始涸：河流、湖泊水位降低，浅水的地方开始干涸。

● 送秋牛

过去，农民伯伯主要靠牛耕田，所以对牛非常爱惜。每到秋分节气，便有人挨家挨户送"秋牛图"。秋牛图上印着二十四节气，还有农夫和耕牛的图案。送图的人一般能说会唱，每到一户人家，便即兴创作，说一些应景的吉利话。

送秋牛

枣泥馅换你的蛋黄馅！

不换！

● 中秋节

我国传统佳节中秋节，在每年农历八月十五，一般临近白露或秋分节气。中秋节也叫团圆节，是家人团聚、共享天伦的日子。"海上生明月，天涯共此时。"中秋节晚上，一家人坐在院子里，一起赏月、赏桂花、吃月饼，其乐融融。

● 认识秋天的野果

秋天到了，山林里的野果子也开始成熟了。小朋友，认识几种常见的野果，一起去山林里探险吧！

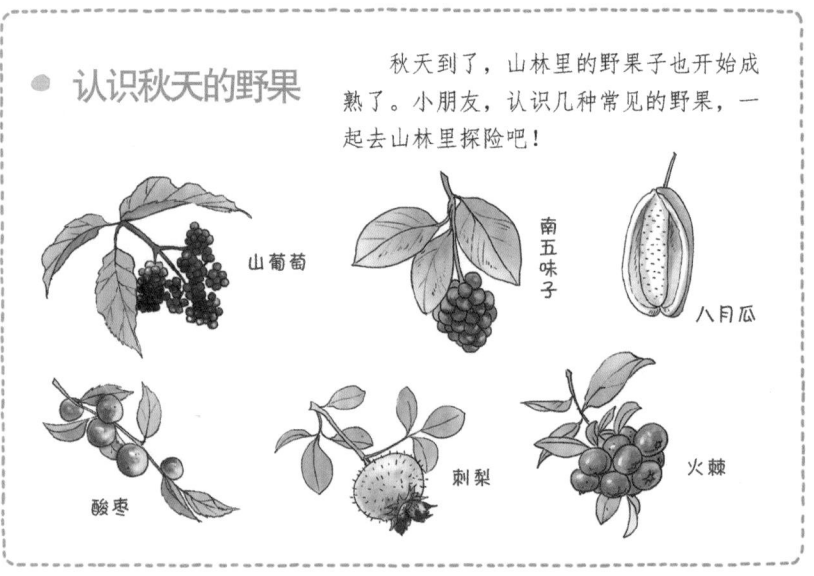

山葡萄

南五味子

八月瓜

酸枣

刺梨

火棘

谚语

秋分秋分，昼夜平分。

晚秋作物继续管，随熟随收不能迟。

白露早，寒露迟，秋分种麦正当时。

八月十五雨一场，正月十五雪花扬。

吃秋菜

　　小朋友，还记得春分要"吃春菜"吗？在岭南一带，秋分还有"吃秋菜"的习俗。"秋菜"也是一种野苋菜，俗称"秋碧蒿"。人们用秋菜和鱼片做成美味的"秋汤"。

秋菜

秋汤

望月怀远

〔唐〕张九龄

海上生明月，天涯共此时。

情人怨遥夜，竟夕起相思。

灭烛怜光满，披衣觉露滋。

不堪盈手赠，还寝梦佳期。

*寝 qīn

菱角

桂花糕

柿子

菱角：桂花飘香时，菱角也成熟了。菱角生长在水中，嫩的可以生吃，老的需要煮熟吃。

33

寒露 10月
7、8或9日

小朋友，还记得前面的白露节气吗？"寒露"是另一个和露水相关的节气。寒露在农历九月，这时气温比白露时更低，天气由凉爽转为寒冷，露水快要凝结成霜了。

寒露意味着深秋的到来，寒气愈重，原本秋高气爽的天地之间，也开始变得萧瑟。"吃了寒露饭，单衣汉少见。"从寒露开始，小朋友们就要注意保暖，穿厚一点的衣服，不能再穿薄薄的单衣了哦！

九月九日忆山东兄弟

〔唐〕王维

独在异乡为异客，
每逢佳节倍思亲。
遥知兄弟登高处，
遍插茱萸少一人

三候

一候鸿雁来宾：大雁像宾客那样飞到南方过冬。

二候雀入大水为蛤（gé）：深秋天寒，鸟雀不再出来活动，古人见海边出现许多蛤蜊（lí），误以为是鸟雀变的。

三候菊有黄华：菊花开放。

谚语

吃了寒露饭，单衣汉少见。

寒露不摘棉，霜打莫怨天。

寒露前后看早麦。

寒露柿子红了皮。

> 芝麻：芝麻有白芝麻和黑芝麻之分，都有很高的营养价值。

芝麻

芝麻酥

吃芝麻

寒露时节，天气由凉转寒，需要多吃一些养阴防燥、润肺益胃的食物。寒露这天，人们会特意吃点含芝麻的食物，比如芝麻酥、芝麻绿豆糕、芝麻烧饼等。

重阳节

重阳节在农历九月初九，往往逢着寒露节气。因为"九九"与"久久"谐音，有长久、长寿的含义，所以重阳节也叫"老人节""敬老节"。重阳节这天，人们会举行登高、赏菊、佩戴茱萸（zhū yú）、喝菊花酒等活动，表达祈福的美好愿望。

哥哥好厉害！

嘿！

秋钓边

在江南地区，寒露前后会有很多人去池塘或河边钓鱼，俗称"秋钓边"。这个时节气温下降很快，深水处阳光已经照射不到了，鱼儿纷纷往水温较高的浅水区游，所以很容易被钓到。

钓鱼

小朋友，你和家人一起钓过鱼吗？钓鱼是一个需要耐心和反复练习的过程，钓到鱼的那一瞬间，欣喜之情也会油然而生。趁着寒露鱼儿容易上钩，和家人一起去"秋钓边"吧！

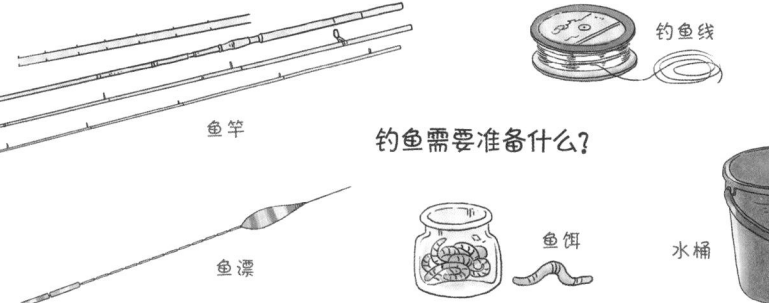

鱼竿

钓鱼线

钓鱼钩

钓鱼需要准备什么？

鱼漂

鱼饵

水桶

霜降 10月 23日或24日

二十四节气

霜降是秋天的最后一个节气。古书中说："九月中，气肃而凝，露结为霜矣。"意思是霜降时节，气温变得更低，露水凝结成霜。霜降就是天气变冷、开始降霜的意思。

古人以为霜是露水变成的，现在我们知道并非如此。当气温足够低的时候，地面温度更低，接近地面的空气中的水汽会直接凝结成白色冰晶，也就是我们所说的霜。"霜降杀百草"，经霜打后，大部分植物都变得无精打采，这时，红叶大放异彩的时候就到了！

三候

一候豺（chái）祭兽：豺狼开始大量捕猎，以便度过冬天。

二候草木黄落：草和树木的叶子纷纷枯黄、掉落。

三候蛰虫咸俯："咸"是都的意思。小虫们都潜伏起来，进入不吃不喝的冬眠状态。

豺狼

吃柿子

我国南方很多地方有霜降吃柿子的习俗，据说这样冬天就不会感冒、流鼻涕，"霜降吃丁柿，不会流鼻涕"。不过，这只是民间习俗，实际情况是，霜降前后是柿子完全成熟、味道最好的时候，这时的柿子皮薄、肉多、味甜、营养丰富，所以更受人们喜爱。

进补

俗话说："一年补透透，不如补霜降。"霜降适合温和的进补，这样才能积蓄能量，迎接严酷的冬天。小朋友们一定要多吃一些热量高、有营养的食物哦！

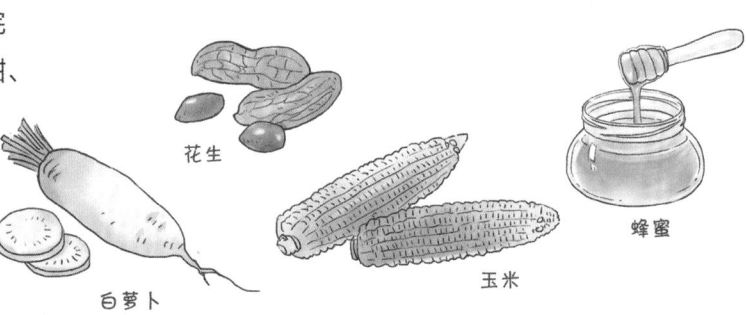

花生

白萝卜

玉米

蜂蜜

赏菊

霜降时节，秋菊开放。古代文人墨客们常在这时举行菊花会、饮菊花酒，现在很多地方仍然保持着这样的习俗。

谚语

风大夜无露，阴天夜无霜。
霜降后降霜，稻谷打满仓。
晚麦不过霜降。
霜降不摘柿，硬柿变软柿。

山行

[唐]杜牧

远上寒山石径斜，
白云生处有人家。
停车坐爱枫林晚，
霜叶红于二月花。

36

做柿饼

俗话说："霜降不摘柿，硬柿变软柿。"霜降前后，柿子完全成熟，如果不摘下来，就要烂在树上了。可是，如果柿子太多吃不完怎么办呢？那就做成软糯香甜的柿饼吧！

① 柿子清洗沥干水分，削去表皮，注意要选择硬柿子哦！

② 把柿子摆放在竹屉上，放在光照通风处，晾晒到表皮干枯。

③ 用手把柿子轻轻压成饼状。

④ 把柿子放回竹屉继续晾晒约十五天，其间每隔几天按压一次。

⑤ 把晒好的柿子码放在透明容器里，用保鲜膜封好，放置在阴凉处。

⑥ 几天后，柿子表面生出均匀的白霜，柿饼就做好啦！

赏红叶

几场霜后，草木黄落，枫叶却越发艳丽、红火。这时，"万山红遍，层林尽染"的壮观风景，别有一番情致。

立冬 11月
7日或8日

二十四节气

立冬是冬季的第一个节气，秋季作物全部收晒完毕，收藏入库，小动物们也藏起来准备冬眠了。

二十四节气中有四个以"立"开头的节气：立春、立夏、立秋、立冬，分别代表四个季节的开始。立冬以后，天气越来越冷，草木凋零，大地一片萧瑟，但这也意味着，雪花离我们不远啦！堆雪人、打雪仗、滑雪橇……小朋友，你是不是也很期待呢？

三候

一候水始冰：水面开始结冰。

二候地始冻：土地开始上冻。

三候雉（zhì）入大水为蜃（shèn）："雉"是野鸡，"蜃"是大蛤。立冬后第三个五日，野鸡不多见了，海边出现许多大蛤，所以古人以为野鸡变成了大蛤。

大蛤

● 补冬

俗话说："立冬补冬，补嘴空。"立冬时节天气变冷，这时大家已经辛苦劳作了一年，正好趁着立冬休息一下，犒劳犒劳自己和家人，所以立冬有"补冬"的习俗。不过，不同地方的补冬方式不一样，北方人喜欢吃饺子，南方人则喜欢多吃一些羊肉、鸡汤类的温补食物，御寒保暖，滋养身体。

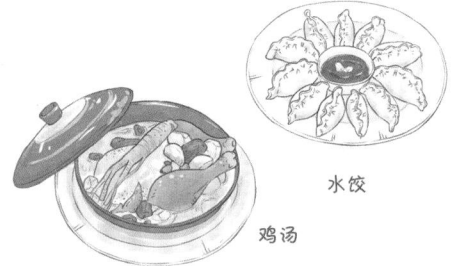

水饺

鸡汤

● 种蒜

俗话说："立冬不起菜，必定要受害。"萝卜、白菜等蔬菜，这个时候都成熟了，要及时收获，不然就会受冻害。不过，农民伯伯也说："十月半，种大蒜"，这是为什么？原来大蒜和大葱一样，都是越冬蔬菜，所以要赶在入冬前种下，不然第二年可就吃不到新鲜的了哦！

大葱

大蒜

谚语

立冬打雷要反春。

立冬晴，一冬晴。

雷打冬，十个牛栏九个空。

立冬那天冷，一年冷气多。

● 冬泳

立冬这天，许多地方有"冬泳迎冬"的习俗。人们通过冬泳迎接冬天，希望拥有健壮的好体魄！

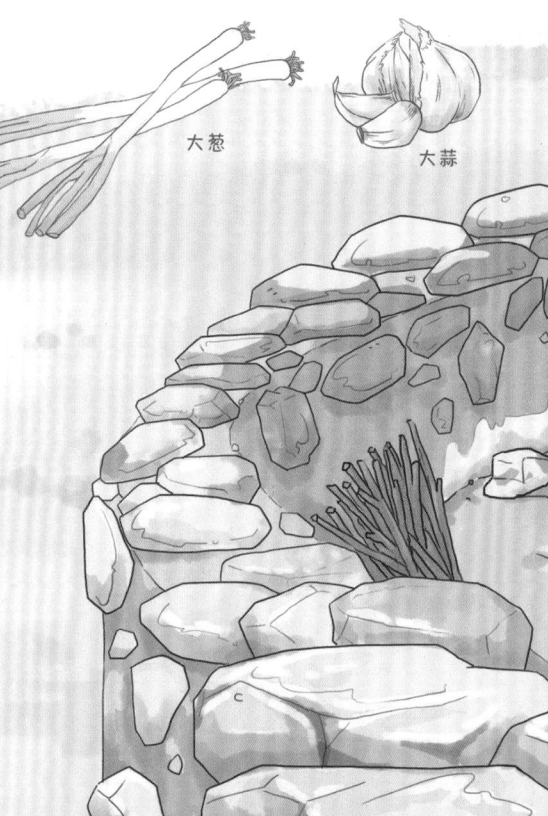

哪些动物在冬眠?

立冬以后，很多动物躲进自己的洞里，开始了冬眠。冬天气温低，食物匮乏，所以它们用呼呼大睡的方式，不吃不喝，降低消耗。等到来年春天它们才会慢慢苏醒过来，开始活跃。

蝙蝠

松鼠

青蛙

乌龟

刺猬

蛇

黑熊

立冬即事二首

[元] 仇远

细雨生寒未有霜，
庭前木叶半青黄。
小春此去无多日，
何处梅花一绽香。

二十四节气 小雪 11月

22日或23日

小雪和雨水、谷雨一样，也是一个直接反映降水的节气。到了小雪时节，由于天气寒冷，降水会从雨变成雪，但因为雪量不大，而且地面温度还不够低，所以无法形成积雪，只是"小雪"而不是"大雪"。

俗话说："小雪雪满天，来年必丰年。"小雪时节的降雪，和雨水时节的降雨一样，有助于农作物生长，所以这时不光小朋友们，农民伯伯也在盼望着下雪哦！

糍粑

● 吃糍粑

南方有小雪吃糍粑（cí bā）的习俗。糍粑是南方流行的一种美食，通过把蒸熟的糯米放到石槽里捶打成泥状制作而成。软软糯糯的糍粑，可以做成圆形，也可以做成长条形，如果外面再裹上一层黄豆粉，洒上甜甜的糖浆，就更好吃啦！

谚语

小雪雪满天，来年必丰年。
小雪封地，大雪封河。
大地未冻结，栽树不能歇。
小雪到来天渐寒，越冬鱼塘莫忘管。

● 腌菜

俗话说："小雪腌菜，大雪腌肉。"把白萝卜、大白菜、雪里蕻（hóng）等蔬菜洗净，用盐腌渍起来，过一个月左右的时候拿出来搭配主食吃，别有一番风味哦！

酸菜

三候

一候虹藏不见：彩虹不再出现。

二候天气上升，地气下降：天上的阳气上升，地上的阴气下降，阴阳不交，万物失去生机。

三候闭塞而成冬：天地闭塞，万物仿佛静止了，进入寒冬。

土豆

白菜

白菜

40

给树木"穿衣服"

小朋友，你有没有注意到，冬天到了，很多树木也穿上了"衣服"！有的树干外面裹着一圈一圈的草绳，有的树干上涂了一层白浆，这是为什么呢？

用草绳把树干包裹起来，可以防止树木受冻。

给树干刷上石灰水，不仅可以杀死细菌和害虫，还可以利用白色对阳光的反射作用，防止昼夜温差过大，造成树干开裂。

做酸菜

小朋友，你吃过东北的酸菜吗？在很多东北菜中，酸菜都是必不可缺的食材，比如酸菜粉条、酸菜白肉、酸菜火锅、杀猪菜……立冬时节，很多东北人家都在忙着腌酸菜，我们也来尝试一下吧！

① 把整颗白菜切成两半，一层一层地摆放进缸里，每层都撒一些盐。

② 最上层压上两块大石头。

③ 往缸里倒凉白开水，水要没过白菜。

④ 用手使劲压石头，把白菜压实。

⑤ 用塑料布将缸口密封起来，放置在阴凉处约四十天。

⑥ 等到白菜和水都变黄，就可以揭盖食用啦！

蔬菜入窖

北方冬天天气寒冷，以前人们很难吃到新鲜蔬菜，立冬时收获的土豆、萝卜、白菜等就可以发挥大作用了。在屋外挖个大坑，把菜放进去，再用土埋好，或者挖个地窖，把各种蔬菜放进去，就可以长时间保持新鲜，让一家人冬天也能吃到新鲜蔬菜了。

晒鱼干

二十四节气 大雪 12月
6、7或8日

小雪时节，冬雪初降，但那时雪量还不大，无法形成积雪。到了大雪，就不一样啦！大雪时节，北方常常出现大雪甚至暴雪，地面上堆起厚厚的积雪，孩子们终于可以尽情玩雪了！

厚厚的积雪不仅给孩子们带来天然的游乐场，也给冬小麦盖上了一层厚厚的棉被。积雪可以为冬小麦保暖，天暖融化后还能滋润土地，防止春旱。所以人们说"瑞雪兆丰年"，冬天下雪多，预示着来年是丰收之年。

谚语

大雪兆丰年，无雪要遭殃。
大雪河封住，冬至不行船。
大雪不冻倒春寒。
大雪不冻，惊蛰不开。

三候
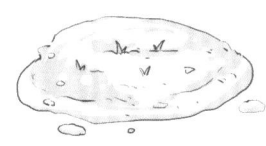

一候鹖（hé）旦不鸣： 鹖旦是古书说的一种鸟。因为天气寒冷，它也不啼叫了。

二候虎始交： 老虎开始寻找伴侣，繁殖后代。

三候荔挺出： 一种叫荔的蔺（lìn）草，在大雪覆盖的时候抽出新芽。

进补

大雪是进补的好时节。俗话说："冬天进补，开春打虎。"这个时候进补，可以帮助我们抵抗寒冷。这时我们可以多吃一些富含蛋白质、维生素和易于消化的食物。

喝红薯粥

山东有大雪喝红薯粥的习俗。在寒冷的冬天，用红薯和大米煮成香香甜甜的红薯粥，热热乎乎地喝上一碗，整个身体都暖和起来啦！

红薯粥

腌肉

"小雪腌菜，大雪腌肉。"到了大雪节气，很多家庭开始忙着腌制年货了。酱肉、酱鸭、鱼干、香肠、腊肉……各种肉类经过佐料腌制，再挂到通风处晾晒，最后都会转化成令人意想不到的美味。大雪时节腌肉，正好可以赶在春节前做好，端上春节时的餐桌。

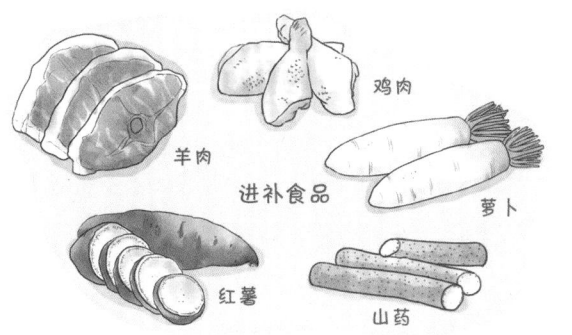

羊肉
鸡肉
进补食品
萝卜
红薯
山药

独钓寒江雪。

孤舟蓑笠翁，

万径人踪灭。

千山鸟飞绝，

〔唐〕柳宗元

江雪

做酱肉

① 取一块新鲜的五花肉，用刀把表面刮干净（注意不能用水洗哦）。

② 用花椒、桂皮、八角、白糖等和盐一起炒制成花椒盐。

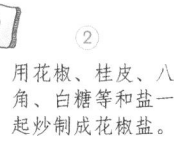

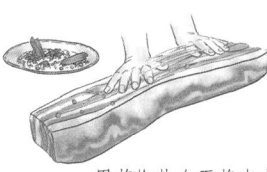

③ 用花椒盐在五花肉表面反复涂抹和揉搓。

④ 把肉放进盆或缸里，用石头压住，放置在阴凉处半个月。

⑤ 用酱油、葱姜、黄酒和大料一起煮成卤汁，放凉。

⑥ 将肉放入卤汁中，腌制十天。

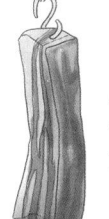

⑦ 把腌好的肉挂到通风阴凉处，晾一两周后，酱肉就做好了。

邯郸冬至夜思家

[唐] 白居易

邯郸驿里逢冬至，
抱膝灯前影伴身。
想得家中夜深坐，
还应说着远行人。

● 吃饺子

"十月一，冬至到，家家户户吃水饺"，
我国北方有冬至吃水饺的习俗。传说这个习俗
与东汉医圣张仲景有关。某年冬天，张仲景辞
官归乡，看到很多百姓的耳朵都冻伤了，就用
面皮包裹切碎的羊肉和驱寒药草，做成"祛寒
娇耳汤"给百姓们食用。百姓吃了以后，冻伤
痊愈，"娇耳"就是我们现在吃的饺子。

冬至

12月
21、22或23日

冬至的"至"和夏至的"至"一样，是"极"的意思。冬至这天，太阳直射南回归线，北半球白昼时间达到一年中最短，所以冬至日也叫"日短至"。

古人形容冬至"阴极之至，阳气始生"，按照五行观点，日照多、白昼长为阳，反之为阴。冬至日阴气达到极致，阳气开始回升，所以是大吉之日。自古以来，人们都十分重视冬至，把它当作重要的节气来庆祝，甚至有"冬至大如年"的说法。

三候

麋鹿

一候蚯蚓结：因为天气寒冷，蚯蚓蜷缩起身子，就像绳子打结一样。

二候麋（mí）角解：麋鹿（又名"四不像"）的角自然脱落。

三候水泉动：因为阳气回升，山间泉水开始流动。

谚语

清爽冬至邋遢年，邋遢冬至清爽年。

冬至不冷，夏至不热。

冬至暖，烤火到小满。

冬至西北风，来年干一春。

数九

冬至以后，北方就要进入一年中最寒冷的时间段——数九寒天了。"数九"是人们用来记录寒冷天气的一种方法，从冬至开始，到第二年春分为止，一共81天，分成9个"九"。第一个九是"一九"，第二个九是"二九"……依此类推，数完"九九"之后，春天就降临了。

九九歌

一九二九不出手，

三九四九冰上走，

五九六九沿河看柳，

七九河开，八九雁来，

九九加一九，

耕牛遍地走。

九九消寒图

在寒冷漫长的冬天，人们为了打发时间，发明了一种别致的日历——九九消寒图。九九消寒图有写文字、画梅花、画铜钱等多种形式，其中最有情趣的就是画梅花了。

先用笔勾勒出一枝线描的梅花枝，上面画9朵梅花，每朵9个花瓣，加起来一共81瓣。从冬至开始，每天用彩笔涂色一瓣，等到所有梅花全部涂完，寒冷的冬天就过去啦！

吃豆腐

水煮豆腐

在古都南京，有冬至吃豆腐的习俗。大冷天儿里，一家人围坐在一起，吃着热腾腾的水煮豆腐，其乐融融。

吃汤圆

北方吃饺子，南方则多吃汤圆，有"吃了汤圆长一岁"的说法。一碗软糯香甜的汤圆，也寄托了人们对团圆、圆满的美好愿望。

汤圆

小寒 1月
5、6或7日

夏季最热的时候是大暑，那冬季最冷的时候是大寒吗？从字面意思上看好像是这样的，但根据气象资料显示，我国大部分地区从小寒到大寒之间这一段时间的气温才是全年最低的，只有少数年份大寒的气温低于小寒。所以小寒一到，意味着一年中最冷的时节到来了。

人们常说："数九寒天，冷在三九。""三九"正在小寒期间，那时天寒地冻，北风刺骨，小朋友们一定要注意保暖，穿得厚厚的再出门哦！

三候

一候雁北乡：大雁开始动身飞往北方。

二候鹊始巢：喜鹊开始筑巢。

三候雉雊（gòu）："雊"是鸣叫的意思。小寒后第三个五日，野鸡开始鸣叫求偶。

动一动

俗话说："夏练三伏，冬练三九。"在数九寒冬，运动不仅能增强体质，还能锻炼不怕严寒的坚强意志。小朋友们可以适量运动，比如慢跑、跳绳、滑雪、打雪仗等，不过要避免在极冷的环境中剧烈运动，这样不利于身体健康。

把炒熟的腊肉丁、腊肠丁、花生米等拌在米饭里制作而成。

糯米饭

用矮脚黄青菜、咸肉片、香肠片或是板鸭丁，加生姜粒与糯米一起煮的饭。

南京菜饭

杀猪菜

用猪骨、猪头肉、五花肉、猪血肠等做的炖菜。

补一补

俗话也说："冬补三九，夏补三伏。"到小寒节气，人们除了用衣饰保暖外，还可以通过饮食来调养身体，吃一些暖性食物。东北人会吃杀猪菜，南京人吃菜饭，广州人吃糯米饭。

寻找动植物

寒冬时节，千里冰封，万里雪飘，大自然仿佛失去了一切生机。但其实只要仔细寻找就会发现，风雪之下也有生机勃勃的景象！

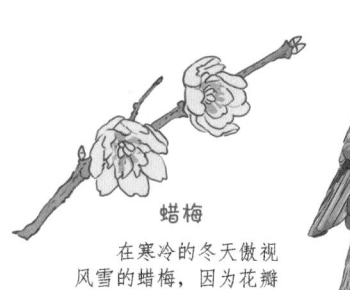

蜡梅
在寒冷的冬天傲视风雪的蜡梅，因为花瓣颜色像蜜蜡、质感也像涂了一层蜡一样而得名。

乌鸦
乌鸦是一种留鸟，过冬不会迁徙。它们在秋天换上又密又实的羽毛，为寒冷的冬季准备。

喜鹊
喜鹊对天气变化有着非常敏感的反应，小寒前后多刮北风，所以它们会本能地把窝搭在朝南向阳的一侧。

麻雀
麻雀会在冬天来临之前储存食物，不过真的到了冬天，它们仍然会出去觅食，只有觅不到时才会吃储存的食物。

● 腊八节

小寒时节有一个重要的传统节日——腊八节。腊八腊八，腊月初八，也就是农历的十二月初八，这天人们会煮腊八粥、泡腊八蒜。

腊八粥

腊八蒜

▌谚语

小寒时处二三九，天寒地冻北风吼。

小寒大寒，滴水成冰。

小寒大寒寒得透，来年春天天暖和。

小寒不寒，清明泥潭。

咏廿四气诗·小寒十二月节

[唐]元稹

小寒连大吕，欢鹊垒新巢。

拾食寻河曲，衔紫绕树梢。

霜鹰近北首，雏雉隐丛茅。

莫怪严凝切，春冬正月交。

大寒 1月

二十四节气

20日或21日

寒来暑往，在积雪与冰冻中，我们迎来了二十四节气中的最后一个节气——大寒。这是我国一年中天气最寒冷的时候，河面冻得结结实实，白雪经久不化。北风呼啸，小朋友们外出一定要戴好帽子、手套、围巾，防止脸部、双手冻伤哦。

忙碌了一年的人们这时开始休养生息。而且，我们要开始准备新年啦！

谚语

过了大寒，又是一年。
大寒见三白，农人衣食足。
大寒天气暖，寒到二月满。
大寒不寒，春分不暖。

消寒糕

三候

一候鸡乳：大寒时节，可以孵小鸡了。
二候征鸟厉疾："征鸟"指鹰隼（sǔn）之类的鸟。鹰隼迅疾地盘旋在空中寻找食物，以补充能量抵御严寒。
三候水泽腹坚：河面中央都冻得结结实实。

● 吃消寒糕

俗话说："小寒大寒，无风自寒。"我国自古以来有大寒吃糯米驱寒的传统，古时候叫"食糯"，今天北京等地叫"吃消寒糕"。消寒糕是年糕的一种，因为糯米比大米的含糖量高，所以有温散风寒、润肺健脾的功效。

● 买年货

"过了大寒，又是一年。"大寒一到，春节就不远了，人们开始忙着赶集、买年货。各种蔬菜、肉类、鱼类、水果，还有小孩子们喜欢吃的糖果零食，都准备一点，丰衣足食过新年。

扫尘

马上要过年了，家家户户还有一项重要工作——扫尘，也就是大扫除。春节之前，人们会把房间里里外外都清扫一遍，寓意除旧迎新、扫去不祥。焕然一新的房间，春节的时候贴上春联、福字，也会更加亮堂、喜庆。

祭灶节

在我国北方，农历腊月二十三是祭灶节，也就是俗称的"小年"。过去，灶神被视为一家的保护神。传说小年这天，灶神会前往天庭汇报一家人的情况，所以人们在神位前摆好各种瓜果、食物等供品，恭送灶神。

一家之主
上天言好事
下界保平安

大寒出江陵西门

[宋] 陆游

平明羸*马出西门，淡日寒云久吐吞。

醉面冲风惊易醒，重裘藏手取微温。

纷纷狐兔投深莽，点点牛羊散远村。

不为山川多感慨，岁穷游子自消魂。

*羸 léi

做糖葫芦

小朋友，你喜欢吃糖葫芦吗？每到冬天，一串串色泽诱人、裹着亮晶晶糖浆的冰糖葫芦就成了每个孩子都不愿错过的美味。其实，自己也可以动手做糖葫芦哦，一起来试试吧！

① 将山楂清洗干净。

② 用竹签把山楂一个个穿起来。

③ 按1:1的比例把水和冰糖放进锅中。

④ 小火慢慢熬煮，其间不停搅拌。

⑤ 等糖浆变得黏稠并开始冒出大量泡泡时，把串好的山楂放到糖浆里迅速滚一下。

⑥ 将裹好糖浆的山楂放到备好的案板上，等糖浆冷却，糖葫芦就做好了。